Exotic Match
异域混搭

Fashion Showflat 风尚样板房

深圳市创扬文化传播有限公司　策划

徐宾宾　编

华中科技大学出版社
http://www.hustp.com
中国·武汉

CONTENTS 目录

异域混搭

成都国色天香

设计师：宋卫军　设计单位：成都元创空间设计顾问

建筑面积：128平方米

走进白底绿衫的世界，坐下来看轻快的剧目，翻几页闲趣的杂志，您会不会忘记轰鸣的汽笛声、厚重的水泥墙？如果眼前那扇百叶窗后面藏着红酒和小猫，您一定不相信它原来长驱直入的空间可以是这番模样。准备好了吗？我们来看看浴室吧，光脚站在地板上，冰凉的清新，还有粉红的色调，这是设计师为您量身定做的周到。床头为您装裱的独家设计同与之呼应的巴黎时装周获奖作品相得益彰。阳光偷偷撩开窗幔，它也发现了房间里糖果味道的春天和浓浓的咖啡香。

平面布置图

爱丁堡样板房

设计师：黄士华　参与设计：藏弄设计团队　设计单位：隐巷设计顾问有限公司　项目地点：山东青岛　建筑面积：120平方米

主要材料：七彩云南理石、阿富汗黑金花理石、白玫瑰理石、黑色烤漆玻璃、高级皮革、黄玫瑰木皮、壁纸、仿古砖、银箔纸、白色烤漆、实木地板

隐巷设计根据项目理念定位设计方向，全力打造整体空间，呈现新古典风格，跳脱传统印象里古典风格的沉重色彩和单一材料，取而代之的是明亮的木作、精致的线条、七彩的大理石、奢华的壁纸、时尚的黑镜、昂贵的皮革，时尚与古典相结合，营造出舒适典雅、大气宁静的尊荣空间氛围。

整体空间以框架形式撑起，放大视觉空间，锁定区域功能。以精致、层次分明的线条处理框架，得到力量感的同时去除原本可能的笨重感，为整体空间增加细节、深度，耐人深究。

入户即可以看到生机盎然的鱼箱，浓浓的生命气息弥漫整个空间，又为茶余饭后增添了悠游的乐趣。客厅电视墙采用厚重却精致的木线条框架锁住视觉，采用银箔带给线条轻盈、时尚感。七彩大理石犹如行云流水般富有动感。沙发背景墙采用深色壁纸包块，稳重、低调却有内涵。客厅顶面采用多层次、简明的线条拉伸高度，灯具、空调口以内嵌的形式隐藏于天花板，干净、层次分明。卧室空间由于土建的限制，空间狭小，十分棘手。在手法上以墙顶一体的设计扩大视觉空间。白色的流畅线条由天花板延伸至墙面，顺墙而下。把人的视线由墙面延伸至顶面，瞬间拉高空间，使空间高度达到最大利用。

本案设计亮点是大胆地把用于商业空间的黑镜用在了房间门的装饰上，给古典的空间注入时尚元素，完美地结合了时尚与古典的双重性质。

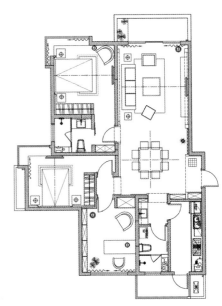

平面布置图

广州花都亚瑟公馆样板房

设计师：王五平　设计单位：深圳五平设计机构　项目地点：广东广州　建筑面积：160平方米
主要材料：多乐士乳胶漆、橡木地板、墙纸、仿大理石磁砖等

平面布置图

在这套方案构思上，由于客厅、餐厅是连体空间，在这样的户型中，沙发背景和餐厅那面墙就显得大而长。设计师将餐厅区域设计成三个白色弧形体，极富创意地把客餐厅区域自然分开，另外也增加了空间的流畅和设计感。

由于原户型过道比较窄，设计师通过平面的改动，拓宽了过道，使客厅、餐厅与卧室之间的贯穿动线比较流畅，而且公共卫生空间通过干湿分开的功能设计，把洗手台放在外面，设计了几根通透的木柱做隔断，这样把公卫空间也无形借给了过道，使过道空间更具有通透性，几根木柱也增加了过道空间艺术形态的生动性。

主卧衣帽间那面墙，设计师设计成艺术玻璃，既可以帮助衣帽间采自然光，也为卧室增添了艺术氛围。

中山万科·朗润园2-5-1样板房

设计师：Marco、Wing（HK）　设计指导：Thomas（HK）　设计总监：曹丽红（HK）　设计单位：戴维斯室内装饰设计（深圳）有限公司
项目地点：广东中山　主要材料：蚀刻玻璃、雕花云石、三棱镜、蚀花镜钢、水晶灯饰

设计灵感来源于意大利现代新古典的设计手法。

我们力求创制出一个兼具活力与魅力的时尚空间，统一经由现代设计手法与流传至今的古典元素的相互转换，表达另一种新古典的设计理念。

蚀刻玻璃、雕花云石、三棱镜、蚀花镜钢与水晶灯饰流露出整体的设计概念。

中山万科.朗润园2-5-2样板房

设计师：Marco、Wing（HK）　　设计指导：Thomas（HK）　　设计总监：曹丽红（HK）　　设计单位：戴维斯室内装饰设计（深圳）有限公司
项目地点：广东中山　　主要材料：水晶吊灯、大型花卉、金边椅子

以"新浪漫主义"风格，将现代优雅舒适的生活与西方古典的审美需求相结合，打造个性、典雅、尊贵而不张扬的高品质生活感受。

璀璨的水晶吊灯在点缀金边的椅子及大型花卉的装饰映衬下，淡淡的古典欧式情怀悠然渗溢。

样板房在布局上注重空间的延展、交流与联系，以及室内和室外的对话。作为以展示功能为主的高品质样板房设计，我们更注重功能的完善和细节的处理。色调和用材上，我们尊重西式经典装饰风格原有的设计特点，同时精心挑选了每一款精致、舒适而富含品位的家私、灯具及饰品，让每个身处此地的人，不仅仅感觉到与生活的相融，更对设计所体现的生活方式感到向往。

北京8哩岛样板间

设计师：王小根　设计单位：北京根尚国际空间设计有限公司　项目地点：北京
建筑面积：220平方米　主要材料：护墙板、雨林绿、雅士白石材、木地板

本案是为北京8哩岛样板间所做的室内设计，设计师力图在低调、精致、唯美与奢华的氛围中寻找东西方文化的情感与气质。

东方艺术的写意随性融合西方艺术的具象与严谨，是设计师对东西方文化的理解与阐释。

墨绿、白与少量的黑色是整个室内设计的基调，宛如一幅立体的水墨山水画。地面的地毯纹样取自宋窑开片，古朴、细腻而典雅。

木雕彩绘佛像与画框里的树枝照片相对照，不禁联想起六祖禅师的一首偈诗："菩提本无树，明镜亦非台，本来无一物，何处惹尘埃"。

瓶中的枯枝插花与之呼应，倾诉着设计师对北方冬季大气壮美景象的感想。

平面布置图

远中风华7号楼

设计师：黄书恒　设计单位：玄武设计

建筑面积：267平方米

本户为同栋四户中较大面积的一户。为了打造富豪门第、都会城堡的格局，大量运用对比强烈的色彩，耀眼夸张的艺术造型显其不凡，以展现时尚庄园豪邸的大气尺度。在空间装修上，玄武设计运用西方古典工艺的严谨精湛工法，却将东方新文艺复兴的精神注入其中。整体空间氛围传递着西方的浪漫，却也轻诉着东方的曼妙——透过古典与现代装饰艺术的交会融合，显示出复古、融会、创新与再生的精神。老上海的清新魅力，为空间注入丰硕的生命力，也为居住者带来全新的心灵悸动。

本户型空间独特之处，为室内平面中内嵌一个超大的半户外阳台，类似传统三合院之中庭，设计者更巧妙结合玄关、棋牌室、起居室，作为公共领域(客厅、餐厅、厨房等)及私密领域(各卧室)之中介空间。一踏入玄关，触目所及是象征圆满的黑底白圈岗石拼花地板，一路延伸铺满整个中介空间。伞型、拱型的圆弧语汇在空间中利落开展，让访客处处惊艳。透过设计者巧思铺陈，入门之后的中介空间展现戏剧般的张力，显示着贵族世家的优雅门风，华丽中而有所矜持，打造出庄园豪宅的非凡气度。

公共空间结合了客厅、餐厅、厨房、客用卫浴，是全户风格定位的场域。真正的名流豪邸，不在于呈现镶金包银的俗韵，而在于展现大格局、大气度的绝世风华。公共空间正是建构户主身份与器识的美学剧场，在这座宽广的殿堂中，界定了主人的不凡品味，也让所有访客的心灵，有如经过一场美学的洗礼，充分享受鉴赏美丽事物的满足感。风华绝代而不遗世独立，富丽尊荣而不降格媚俗，流金岁月似乎在空间中隐约流转，建立本户独特壮阔的庄园豪宅风格。电视背景墙运用3种石材(卡拉拉白、黑云石、黄金洞石)来强调层次感，配上左右对称的高级黑金花石材拱型，使短窄电视主墙面加宽。典藏历史记忆的名贵家具，晶莹灿烂的水晶烛形吊灯，古雅华丽的鎏金屏风，打造经典多元的上海豪宅风貌，令人优游驻足其间，惊艳心仪不已。

从起居室前方的廊道缓步而行，即进入专属于主人的私密空间。从起居室另一侧的拉门穿越后方廊道，进入次主卧与另一卧室的私密空间。透过不同廊道入口的分隔，界定了主卧私人城堡的独享场所。此外，经由廊道的缓步进入，不但沉淀了心情，也加深了对私密空间的期待。金、银、白、紫等带有金属光泽质感的色彩，画框裱布、编织壁纸、拼花黑檀墙面、银箔造型电视墙、玻璃马赛克、贴饰孔雀壁纸，玄武设计在本户私密空间中，大胆运用多元且绮丽的材质，堪称"风华园"中豪门风格的代表作。同时，也将Art·Deco装饰主义的艺术美学，发挥得淋漓尽致，令人震撼而惊艳。

远中风华8号楼

设计师：黄书恒　　设计单位：玄武设计

建筑面积：200.97平方米

本户为同栋四种房型中第二大面积者，以色彩柔和的"维多利亚风格"来诠释，具有放大空间的视觉效果，更展现此绝世豪宅的精致典雅。

由于上海近年来跃升为国际级城市，而随着中心城区可供开发土地的日益减少，供不应求的趋势越发明显，规划优异的豪宅更是一屋难求。远中风华区位十分优越，地处静安区核心区域，距离南京西路商务区仅两个街区。闹中取静，地段稀有，规划全备，加上远雄集团建筑质量的超凡优越，让此区的其他住宅无法望其项背。身为这样傲视群伦豪宅的拥有者，对于生活品位的渴望，更高于一般凡夫俗子的追求。

生活品位的两个重要元素，一个是价值鉴赏力，另一个则是风格生活实践力。玄武设计在此户中采用维多利亚风格的设计，固然是因为其装饰元素在艺术领域中影响深远；更因为此风格对美学与品位的提升，恰恰切合新上海蓬勃起飞所孕育的新价值。它的用色大胆绚丽、对比强烈，中性色与褐色、金色结合突出了豪华和大器；它的造型细腻、空间分割精巧、层次丰富、装饰美与自然美完美结合，更是唯美主义的真实体现。也因此，维多利亚风格至今仍是许多设计创意元素的来源，更是五星级酒店和壮阔庄园豪宅常采用的优雅典范。

越野豪情

设计师：黄志达

　　以黑白及深咖啡色为主色调的空间，从推门的那一瞬间，就能感觉到奢侈与享乐的气氛。局部照明的处理，营造出一种精致而优雅的气质。空间中随处可见深红色的天然原木，它们清晰的纹理在微妙而柔和地变幻着，与镜钢、水晶等闪耀元素一起，很好地烘托出了整个空间的奢华与中性美。

木栅黄宅

设计师:杨焕生　参与设计:郭士豪、王慧静、王莉莉　项目地点:中国台湾　建筑面积:115.5平方米
主要材料:喷漆白、明镜、大理石　摄影:刘俊杰

本案将旧有的既定空间瓦解，将其原本狭小的二个空间，利用隐藏式拉门，将其融合成为一个互通宽敞的空间，使得亲子阅读与游戏的空间更加拉近，即使未来添加新的成员，也能让空间灵活运用。

设计师透过巧思的蓝图，将空间本身创造成让家人更舒适与紧密互动的环境。

本案坐落于木栅的新大厦，于前往静谧的猫空与连结大台北的交会处，当开启窗户远眺青山，自然清风串流进入屋内，餐桌上点缀的绿意与远山的景观相辉映，让心灵自然而然地沉浸融合其中。

开启大门，以白色为基色的设计，加上映入眼帘的水晶吊灯，显现出浪漫与典雅气息，客厅与餐厅视野延伸到户外的远山。

休憩于客厅的同时，从落地窗就可看到户外的人行道的树木摇曳生姿。客浴与餐厅运用隐藏式拉门加上镜面玻璃，反射出空间的宽阔与户外的美景，当厨房的隐藏门打开，女主人在做菜的同时仍享受着各面吹来的风，空间完善的规划让空气对流更顺畅。

客厅沙发背景墙延伸转折与落地窗墙面的延续，让视野延展到户外，将电视墙面运用银狐大理石彰显内敛、大器，天花板的多层次与细腻雕刻工法点缀，让空间更添增优雅极致的气息。

牛皮沙发的细腻工法，搭配烤漆单椅的点缀，使得浪漫与时尚紧密地融合，实木雕刻餐桌与透明亚克力餐椅创新的结合之下，将现代与浪漫优雅的气息巧妙结合。

主卧延续白色元素，添加细腻雕刻与隐藏间接灯光，让主人睡眠的同时也能享受浪漫静谧的气息。

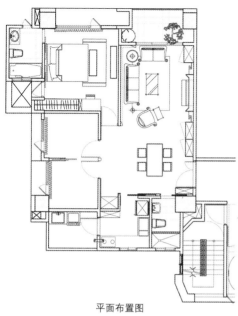

平面布置图

奥体新城丹枫苑

设计单位：南京传古装饰有限公司　项目地点：奥体新城.丹枫苑　建筑面积：130平方米
主要材料：实木家具、实木地板、进口仿古砖、进口灯具

本案以传统文化下的中式审美作底，散发着浓郁的东方气息；加入几许时尚的色彩和一点西式元素的装饰，使得室内有了现代的生活方式，在同一个空间里，两种文化融合自然和谐，亲切统一。

东莞富通天邑湾样板房·东南亚

设计师：韩松   设计单位：深圳市昊泽空间设计有限公司   项目地点：广东东莞   建筑面积：108平方米

主要材料：深柚木面板、席纹墙纸、米黄石材、实木格栅、银箔、灰镜

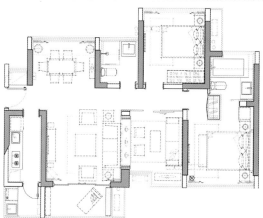

平面布置图

本案定位为东南亚风格，在设计上注重东南亚民族岛屿特色和精致文化品位的结合。本案大量地运用木材、藤条和石材等天然原材料，局部用具有鲜艳色彩的饰品点缀。玄关处，简单利索的规划，使视觉得到舒展和放松。客厅大气优雅，木制窗格的推拉门与沙发背景木装饰作为隔断，以冷静线条分割空间，代替一切繁杂与装饰。主卧以原木色为主，局部以藤条装饰墙面，统一又不会显得单调。卫浴空间采用了石材与镜子的设计，为整个空间增加了变化。

蝴蝶堡东南亚风格样板房

设计师：康华、刘芳　设计单位：深圳市汉筑装饰工程有限公司　项目地点：广东深圳　建筑面积：128平方米
主要材料：白色乳胶漆、木饰面、麻质墙纸、实木木雕隔断屏风、银镜、青石板地面、实木地板、砂岩、芝麻灰、仿青石板瓷砖

本案以东南亚为主格调来打造空间。内部结合了大量中国元素，表达了一种新的生活方式。

本案大量采用木质元素，努力营造出清新优雅之感。吊顶的设计根据不同的空间格局和功能特点进行深加工，凸显出特定空间的特定氛围。藤制的沙发、别出心裁的鸟笼台灯、木质的卧榻、色彩缤纷的软包，放置在同一空间内丰富了视觉概念。并且结合中国风的手法，以木格为装饰点缀元素，力求表达出空间的木质自然和通透感，在结构的处理上，既分割了空间又保持着一定的联系，隔而不断。

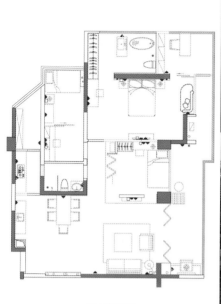

平面布置图

蝴蝶堡美式风格样板房

设计师：康华、刘芳　设计单位：深圳市汉筑装饰工程有限公司　项目地点：广东深圳　项目面积：92平方米

主要材料：白色乳胶漆、银镜、金镜、墙纸、绒布软包、实木木雕、实木地板、浅啡网、水洗面泰白青

平面布置图

　　美式家居空间成为很多成功人士的选择，这是因为美式空间本身所传达出来的现代与传统的融合。在本案中，设计追求的是对时尚元素的合理利用，以及对空间光影处理上的新手法。在表达上更加追求自然的效果，不做过多的修饰，在总体上，凸显出空间的舒适感。

海润尊品林氏住宅

设计师：郑陈顺　设计单位：品川设计顾问公司　项目地点：福建福州　建筑面积：148平方米

主要材料：仿古砖、咖色软木、墙纸

平面布置图

寻找一份新古典中的G大调，本案设计所呈现新古典中的色彩音符。这是一套148平米的户型在满足主人功能要求的情况下展开对空间的思索，整体设计采用深色仿古抛光砖、咖啡色软木以及米白色为主调。

空间的第一乐章起笔应用灰色玻璃雕刻作为屏风，使动静区域线路分明，第二乐章讲述空间层次感，几何形体的切面感，细腻的处理方式，使空间犹如音符高低轻重有节奏感。第三乐章叙述色彩定律，深色、咖色、米白色，看似不同的色系既相互对比，又相互协调、相互呼应，使得空间相得益彰。空间的摆设品都经过设计者精心挑选，恰到好处，力求营造一份宁静、高贵、奢华的极致空间。

皇家公馆

设计师：王五平　设计单位：深圳五平设计机构　项目地点：广东东莞　建筑面积：170平方米

主要材料：多乐士乳胶漆、生态木、墙纸、仿大理石磁砖、艺术玻璃等

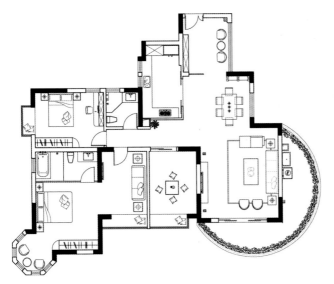

平面布置图

香艳的红色；纯净的白色，间或有着窗外斑驳阳光的影，让人有种午后的温馨，间或有着窗外梦幻般的蓝色，神秘而又精彩。这样的家，总是不经意间让人有种香暖入怀，潜入梦，淡淡幽意，醉心归的意境。

从空间规划上看，有把厨房里面一个储物间打造成一个大厨房的感觉，厨房门也设计的比较有新意，打破以前常规推拉门的感觉，设计师运用艺术玻璃隔断来做成厨房的推门，没有门套，拉开厨房两扇门，门洞也比较大，厨房和餐厅空间就可以相互借用，关起来，既可以当艺术屏风，还可以隔油烟，视觉通透性好。

主卧打通了一个小房间，做成起居室，主卫那面墙设计成艺术树形玻璃，保持洗手间的视觉拉阔，更增加卧室的时尚氛围。

沙发背景运用了生态木，红黑相间，和旁边的白色仿石材砖，形成鲜明的红白对比，更增强视觉感染力。

金域名都

设计师：蔡进盛　设计单位：方块空间　项目地点：江西南昌　建筑面积：171.8平方米
主要材料：仿古瓷砖、墙纸、水曲柳、天然啡网纹石材

平面布置图

空间的设计简单大气，精致的家具诠释不一样的美式风情。浓浓的古典韵味让空间优雅中不乏稳重，通过细节的精巧处理和色差的运用，让空间统一又丰富。宽大的实木桌椅、皮革的沙发、颜色艳丽的皮革抱枕，又为整个空间增添些许雍容华贵气息。实木的柜子，保留了华丽的元素，多了一份内敛又精致的高雅风貌。

恒茂国际华城

设计师：蔡进盛　设计单位：方块空间　项目地点：江西南昌　建筑面积：132.6平方米

主要材料：仿古瓷砖、竹纹墙纸、天然啡网纹石材、水曲柳、灰镜

　　本案运用了现代中式的表现手法,将现代元素和传统元素相结合,使住宅具有更深的文化厚度。环顾四周而不失通透,空间的把握恰到好处地融入一片和谐中。原木家具既保留了中式的雕刻花纹,又增添了现代时尚感。镂空的手法不着痕迹地运用在空间的每个角落,传承了古典文化的精髓。米黄的壁纸肌理感十足,演绎着淡雅、温馨。色彩斑斓的抽象画、奢华典雅的幔帘、复古休闲的吊灯在居室中酝酿出醉人的芬芳。闲步归来,木纹木色,茶韵茶香,尽情地徜徉于属于我们的文化中。

天骏蓝水湾

设计师：邹凤平　设计单位：福建国广一叶建筑装饰设计工程有限公司　项目地点：福建福州　建筑面积：80平方米
主要材料：仿古砖、碳化木、玻璃、复合木地板　方案审定：叶斌

由于此宅的业主经常游历于欧洲各国，所以对欧洲的建筑文化有一种特有的情结，同时，身为都市人对田园生活的向往，让业主一直都想把这个在都市的"家"装饰得既有欧洲风情又富有田园般的诗意。

所以，美式田园设计中，设计师将自然、休闲、大方的理念进行全方位的诠释，力求营造无拘无束的生活享受。

设计师根据此户型的结构特点把客厅与餐厅、休闲厅之间门窗与结构墙全打掉，稍加修饰便把简约的欧式格调引入进来，入户厅是那样的悠然自得，粗犷的原木梁、亲切感十足的原木墙板，无一不是在彰显着业主此时此刻的心情。客餐厅的设计通透且富有层次；空间粗犷而大气。再看地面斑驳的仿古砖，天花的走马灯随意而怀旧，活脱脱一个美国乡村的温馨家园。

同时，在家具的选择上，设计师也是别具匠心地采用了深色调，将居家温暖的主体进行了更进一步的描绘。

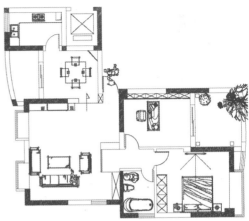

平面布置图

张纪中家居

设计师：张纪中　设计单位：张纪中室内建筑　建筑面积：250平方米

主要材料：墙纸、乳胶漆、地砖、地毯、实木地板、石材、仿古墙砖　摄影：史云峰

　　作为张纪中本人的家居，汇聚了很多他对设计的想法，不是为了风格设计而生活，而是为了生活而设计风格，没有条条框框的限制，生活也就更加的随意，设计也就更加生活化，更加个性化。在这里，欧式的家具，富有中国文化的茶室，现代的表现手法均有体现，又有谁说它不协调呢？

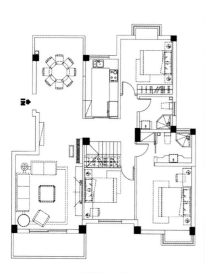

一层平面布置图

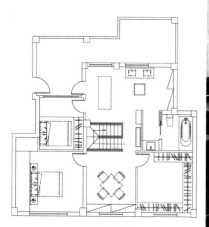

二层平面布置图

南亚风情的时尚

设计师: 蒋彬、吴苏洋　设计单位：深圳市凸凹装饰设计有限公司　项目地点：江苏南通　建筑面积：139平方米

客厅是所有空间中的重点，电视背景是一个木饰面与石材相结合的东方风格造型，在强调其本身的装饰效果的同时，强调了其展示功能，隆重的线角烘托的高台面上别具一格的泰佛，让整个空间有了灵魂，提升了层次，并将异域的文化融入整个空间。

半开放的主卫空间与衣帽间融为一体的完备的功能空间。大床旁的简洁的化妆台，配以装饰性很强的化妆镜，是品质生活的一种体现。天花的造型强调的同样是一种风情和温馨。简洁的床头造型，还有那浪漫的以高差区分的洗浴空间，让主卧空间层次分明。玻璃隔断及下沉式的浴缸空间，掩映在大床的视野之内，让生活的情趣得到无限的延伸。

玄关也是空间的一个亮点。壁龛式的鞋柜造型，配以陶罐干枝禅味十足的情景布置。还有那造型独特的铁艺蜡烛壁饰，对异域情调的主题作了最好的诠释。

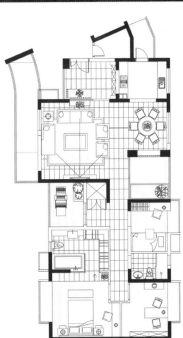

华丽转绎 风雅悠远

设计师：许炜杰　设计单位：台湾台北 拾雅客空间设计　项目地点：中国台湾台北　建筑面积：89.6平方米

主要材料：订制家具、金属砖、日本进口布百叶、金色钢烤、黑白根大理石、墨镜、明镜、铁件

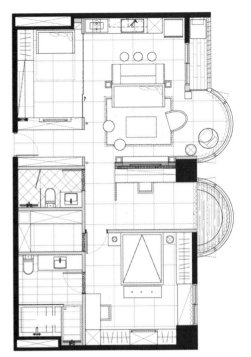

平面布置图

华丽的风格取向，混合了很多方向，包括理性、美学、专业技术，甚至概念或思考。因此，在设计布局的当下，从人的心理角度、生活及情感层面出发，目的是让有限的空间能创造出最大的收纳空间以及最舒适的生活空间。

设计师打破了原有空间分配的框架，将男女主人各自喜爱的颜色、元素整合，以几乎完全敞开的穿透方式，来为整体空间定调，运用华丽的风格，强调空间精致尺度，破除空间分配框架的平面规划，融入绝对经典、奢华的艺术。时尚文化以经典的姿态与艺术美学在现代设计的洪流中回涌，积聚成引领当代空间及生活态度的指标之一。男女主人各有不同的生活喜好，设计上将需求以日式的机能取向、生活则偏好华丽的风格规划，任职于编辑职务的女主人希望能有独立的书房，男主人书房设置在客房当中，紧邻餐厅，清玻璃的接口搭配日本进口的S型布百叶，与客厅主墙后方的女主人书房，视觉相连。

另一种悠雅的"混搭"

设计师：易鹏高　设计单位：东莞易黎设计师楼/易禅设计室　项目地点：云南昆明

建筑面积：450平方米　主要材料：进口暗纹墙纸、宝路洁具、"圣象康树"多层实木地板、科宝橱柜、美步楼梯、"罗丹"仿古砖

　　本案别墅是一个有文化、有丰富生活阅历的知识分子家庭。业主因为工作关系，经常在外游历，见识面较广，因此对别墅的设计风格要求为时尚、休闲、多元化。

　　在充分尊重业主的设计要求下，并根据建筑空间特点(宽敞明亮、高阔方正)，设计师考虑为了体现出别墅大气而不奢华的格调，在空间规划时采用"平直方整"、"纳小为大"的功能划分原则，力求各空间在保证独立性的前提下，更能满足居住者对生活方式多样化的需求。简洁利索的规划，细腻的艺术造景，高阔的建筑空间，大量砂岩镂刻浮雕板材、天然的土耳其黄洞石、德国暗纹艺术墙纸的合理运用，少了繁复的造作，一切都显得和谐舒适，在一抹东南亚风格元素的衬托下，传达着艺术与环境的平衡。

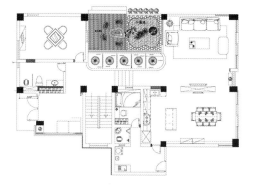

一层平面布置图

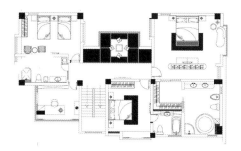

二层平面布置图

融合

设计师：刘宝达　设计单位：福州宽北装饰设计有限公司　项目地点：福建福州　建筑面积：170 平方米
主要材料：仿古砖、美国红橡、大理石、不锈钢、墙纸

本案努力将各种风格元素融汇成和谐的整体，新古典、现代、中式上演了一场精彩绝伦的表演。客厅中沉稳大气的皮质沙发、温馨低调的绒毛地毯，都采用黑色形成了统一。黑镜的多处运用，丰富了室内光线的跳跃律动，金色花纹点缀的深灰色窗帘，美观中又考虑到居住者的具体需求。餐厅顶上的银镜和地面相互映照，花纹也达到了统一，体现出"天地合一"的理念。另辟出来的茶室古色古香，室内随处可见的花格屏风也被完美地融入于这混搭风格之中。卧室则将混搭哲学进行到底，采用了田园风格，原木的家具、吊顶、碎花壁纸都让人如同置身于大自然，呼吸着新鲜的空气。

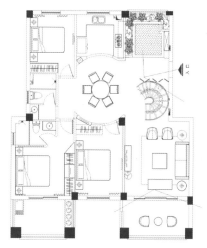

一层平面布置图

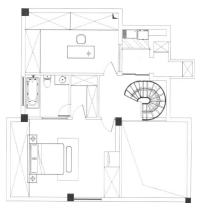

二层平面布置图

万泰春天

设计师：彭东生　设计单位：汕头市天顺祥设计有限公司　建筑面积：340平方米

在业主这套330平方米的新房中，设计师规划了四个房间，还有一间视听室，进入视听室和卧室，必须经过走廊，轻轻走进来，你会感觉这就像是一条时光走廊、安静、悠然、纯净的色彩和简洁的材质，虽然现在相框中用的是一些素材图片，但是接下来将换成业主家人相片，成为展示业主的人生经历和一家生活故事的温情走廊。

精湛的做工，是美式风格的重要特点，在这套作品中，可以看作是中年设计师和中年业主的思想共鸣，生活的历练和思想的沉淀，化成了这套作品从外到内框架、房门、格栅等所有统一材质的面板上精良的做旧工艺。从客厅到餐厅，从走廊到房间，所有的设计毫无炫耀，自有一种内在的尊贵，设计师让我们感悟到，需要复刻的不是单纯的美式家居风格，而是注重内涵的生活态度。

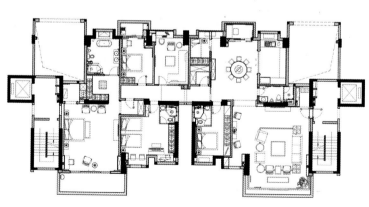

平面布置图

新古典与维多利亚的甜蜜相遇

设计师：詹芳玫　设计单位：程翊设计　建筑面积：160平方米
主要材料：线板、雕花板、镜面、绷布

　　在设计的"战国"时期中，设计师以专业抢下一席之地，让屋主即使身在海外也能笃定自我选择，是设计师詹芳玫的绝对魅力。秩序的对称与线板描绘，客变时介入的规划让走道坪效零浪费，也流畅了用餐环境与氛围，私领域的过渡中，设计师詹芳玫跳脱浪漫的想象，儿童房内波普风壁纸表现了两个小女孩的青春活泼，雕花板为屏的界定，遮掩住入门直视的顾忌，而紫色系的神秘高雅是屋主最爱，壁纸混搭再以线板为框，巧妙定位出电视主墙面，坚持做工精细程翙设计用满心的诚意，再次获得来访者的由衷激赏。

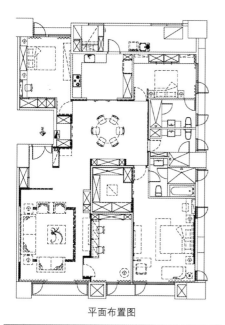

平面布置图

波西米亚之醉

设计师：李海明　设计单位：南京李海明工作室　建筑面积：118平方米

家，是心灵的港湾，是一个人累的时候最想得到安慰与温暖的地方。设计师利用了木质家具与碎花图案，突出了此案的田园风格。壁纸、灯饰和墙饰简洁而清新，餐厅的设计更是勾勒出了温馨的二人空间。卧室的家具摆放简洁明了，不拘一格，而一扇窗户的设计运用，令卧室充满了阳光温暖。小餐桌上的蜡烛与苹果，使得整个家都弥漫着浪漫的气息。墙壁上贴上的"love"标签，让整个家都充满着浓浓的情意。最为点睛的，就是书房中摆放的结婚照，预示着主人的爱情天长地久。

图书在版编目(CIP)数据

风尚样板房. 异域混搭 / 徐宾宾编. — 武汉：华中科技大学出版社，2012.6
ISBN 978-7-5609-8110-9

Ⅰ.①风… Ⅱ.①徐… Ⅲ.①住宅－室内装饰设计－图集 Ⅳ.①TU241－64

中国版本图书馆CIP数据核字(2012)第131588号

风尚样板房——异域混搭

徐宾宾 编

出版发行：华中科技大学出版社（中国·武汉）

地　　址：武汉市武昌珞喻路1037号（邮编：430074）

出 版 人：阮海洪

责任编辑：王晓甲　　　　　　　　　　　　　责任监印：秦　英

责任校对：赵慧蕊　　　　　　　　　　　　　装帧设计：魏　菲

印　　刷：小森印刷(北京)有限公司

开　　本：889 mm×1194 mm　1/24

印　　张：5

字　　数：60千字

版　　次：2012年8月第1版 第1次印刷

定　　价：27.80元　（USD 5.99）